Juli 1957

Nachtrag

zur

Amtlichen Liste der Seeschiffe mit Unterscheidungssignalen der Bundesrepublik Deutschland

vom Jahre 1957

herausgegeben vom

Bundesminister für Verkehr

VERLAG WALTER DE GRUYTER & CO., BERLIN W 35, GENTHINER STR. 13

A. Nachtrag zur Liste der Kauffahrteischiffe (Abschnitt a)

1. Neueintragungen

a) In der Reihenfolge der Unterscheidungssignale / Funkrufzeichen

DCEA—DGAN

Seite	Unterscheidungssignale	Namen der Schiffe	Heimathafen der Schiffe	Kubikmeter (Nettoraumgehalt)	Registertons (Nettoraumgehalt)	PS
7/116	*DCEA*	Paul Rosenberg ..	Emden	405,6	143,18	600
7/115	DCES	Otto Bolte	Emden	405,6	143,18	600
8/93	DCFJ	Blinkfüer	Emden	105,7	37,31	150
8/122	DCGG	Variatie.........	Neermoor	269,4	95,10	70
8/112	DCGJ	Marie...........	Haren/Ems......	380,9	134,47	190
9/110	*DCGX*	Leerort	Emden	1494,8	527,66	580
9/104	*DCHQ*	Heinrich Lutter..	Emden	405,6	143,18	600
9/111	DCIG	Lux	Emden	316,8	111,82	330
9/107	DCIU	Jakob Emmius Rass..........	Norderney	15,0	5,29	125
15/121	DDJR	Tiefbau	Brake	0,7	0,25	90
21/110	*DEEQ*	Kurt Bastian	Bremen.........	1459,0	515,04	800
22/98	*DEGW*	Erich Haslinger ..	Bremen.........	990,0	349,45	575
22/96	DEGX	Dudizol IV.......	Bremen.........	194,2	68,57	200
22/119	DEGY	Seefalke.........	Bremen.........	607,4	214,42	300
22/124	*DEGZ*	Wümme	Bremen.........	975,2	344,26	525
24/106	*DERU*	Hinrich Sieghold .	Bremerhaven	1622,3	572,68	850
24/104	*DERW*	Heinrich Meins ..	Bremerhaven	983,2	347,08	1200
24/121	DESH	Taurus..........	Bremerhaven			
24/114	DESL	Nordenham	Bremerhaven			1000
28/117	*DFTV*	Rebena	Stade...........	665,8	235,04	300
31/113	DGAN	Mikado	Hamburg	92,7*	32,71*	240

* = Bruttoraumgehalt

DGBJ—DJUX

Seite	Unterscheidungssignale	Namen der Schiffe	Heimathafen	Kubikmeter Nettoraumgehalt	Registertons	PS
31/110	*DGBJ*	Laumühlen......	Hamburg	404,3	142,73	300
60/94	*DIOX*	Bugsier 15.......	Hamburg	68,9	24,31	850
60/107	*DIOY*	Ingeborg........	Hamburg	603,2	212,94	150
60/108	*DIOZ*	Jonny Jonas.....	Hamburg	973,3	343,57	500
60/122	*DIPA*	Vogelsberg	Hamburg	4149,9	1466,40	1760
60/94	*DIPB*	Carsten Rehder ..	Hamburg	736,2	259,86	1200
60/91	*DIPC*	Apollo	Hamburg	777,8	274,55	500
60/102	DIPD	Hammaburg.....	Hamburg	611,6	215,91	300
60/123	DIPE	Welf............	Hamburg	397,7	140,40	300
60/123	*DIPF*	Weimar+........	Hamburg	14147,8	4994,18	9000
60/123	DIPG	Walter Richter ..	Hamburg	594,1	209,72	300
60/104	*DIPH*	Heinrich Udo Schulte	Hamburg	3880,2	1369,71	1680
60/119	*DIPI*	Käthe Bartels ...	Hamburg	867,4	306,20	525
60/106	*DIPJ*	Hohenbuchen....	Hamburg	974,1	343,85	675
60/106	*DIPK*	Hornsriff........	Hamburg	780,0	275,35	300
60/90	*DIPL*	Alsterkamp......	Hamburg	1753,8	619,09	800
60/107	DIPM	J. H. Jonas......	Hamburg	596,9	210,72	500
60/107	*DIPN*	Ilse Feldmann ...	Hamburg	778,6	274,84	300
60/100	*DIPO*	Freiburg+	Hamburg	8041,8	2838,74	4200
60/94	DIPP	BP Olex 34......	Hamburg	136,9	48,34	170
60/114	*DIPQ*	Nordwald	Hamburg	1296,2	447,54	870
60/93	*DIPR*	Bertioga+	Hamburg	14503,9	5119,88	6300
60/105	*DIPS*	Herford.........	Hamburg	3291,5	1161,89	2000
60/118	DIPT	Rungholt	Hamburg	41,1	14,52	120
60/96	*DIPU*	Dieksand........	Hamburg	1040,1	367,15	700
60/98	DIPV	Esso Vegesack ...	Hamburg	152,2	53,72	133
60/114	*DIPW*	Nordenfeld	Hamburg	889,5	313,98	500
60/109	*DIPX*	Kösterberg	Hamburg	870,9	307,41	525
60/90	*DIPY*	Amélie Thyssen+ .	Hamburg	21599,3	7624,56	6650
60/98	*DIPZ*	Erna Witt+	Hamburg	3504,9	1237,23	2000
60/107	*DIQA*	Inge Leonhardt ..	Hamburg	1769,9	624,77	1000
60/97	*DIQB*	Elisabeth Bröker .	Hamburg	610,6	215,55	300
60/121	*DIQC*	Therese Horn....	Hamburg	1319,9	465,91	750
60/94	*DIQD*	Bunte Kuh......	Hamburg	3225,3	1138,52	6000
60/123	*DIQE*	Werner Frank ...	Hamburg	1132,1	399,63	650
60/116	*DIQF*	Palmyra	Hamburg	2554,5	901,75	1200
60/119	DIQG	Sevilla..........	Hamburg	2426,2	856,44	1470
61/119	DIVS	Seerose II	Neufeld	7,9	2,79	60
62/120	DIZ*B*	Steinburg	Itzehoe	920,1	324,79	300
62/105	*DIZ*C	Hermod.........	Glückstadt	405,0	142,98	600
64/92	*DJEN*	Arn VIII........	Arnis	965,9	340,96	495
66/114	DJPX	Nordmark	Eckernförde	17,6	6,22	120
66/115	DJPY	Nordstern	Eckernförde	20,3	7,16	80
68/96	DJTQ	Dievenow	Kiel	58,9	20,79	150
68/111	DJTW	Löwe	Kiel	616,3	217,55	—
68/124	DJTX	Wodan	Kiel	1016,5	358,51	—
63/96	*DJBU*	Düvelsbek.......	Kiel	718,8	253,75	300
68/119	DJUX	Schwentine......	Neumühlen.......	7,4	2,62	100

DJWK—DLDS

Seite	Unterscheidungssignale	Namen der Schiffe	Heimathafen der Schiffe	Kubikmeter (Nettoraumgehalt)	Registertons (Nettoraumgehalt)	PS
69/100	DJWK	Friedrich Pahlke .	Burg/Fehmarn ..	8,5	3,01	100
69/103	*DJXF*	Hans Oldendorff .	Lübeck	3481,2	1228,26	1220
69/101	*DJXK*	Gebe Oldendorff .	Lübeck	2396,6	845,99	800
69/119	*DJXP*	Senator Hagelstein..........	Lübeck	4588,0	1621,20	2120
69/109	*DJXU*	Kahlberg........	Lübeck	2761,83	975,91	770
69/102	DJXV	Greif	Lübeck	41,7	14,74	815
69/91	DJYC	Antje-Christa	Lübeck-Travemünde...	58,7	20,70	120
69/95	DJYF	Concordia I	Lübeck-Travemünde...	32,9	11,62	150
69/122	*DJYH*	Vega	Lübeck	493,3	174,15	167
69/91	*DJYI*	Anna Oldendorff .	Lübeck	3745,6	1322,21	2300
72/95	DKFO	Claus Jürgen	Rendsburg	341,2	120,46	150
77/118	*DLDG*	Schönfels........	Bremen.........	10681,4	3770,55	3800
77/116	*DLDH*	Phönizien+	Bremen.........	4673,4	1649,71	2500
77/93	*DLDI*	Bremer Stauer ...	Bremen.........	441,4	155,80	750
77/120	*DLDJ*	Spreestein+......	Bremen.........	9205,9	3249,69	3900
77/90	DLDK	Ann-Charlott	Bremen.........	704,7	248,75	450
77/96	*DLDL*	Detmold	Bremen.........	418,8	147,84	600
77/113	DLDM	Mellum	Bremen.........	255,1*	90,06*	750
77/111	*DLDN*	Louise	Bremen.........	1378,7	486,67	1000
77/116	*DLDO*	Pluto	Bremen.........	623,5	220,11	1000
77/90	*DLDP*	Alcor	Bremen.........	2544,5	898,22	2100
77/93	*DLDQ*	Bielefeld	Bremen.........	418,8	147,84	600
77/116	*DLDR*	Praunheim	Bremen.........	20022,7	7068,01	6300
77/119	*DLDS*	Siegstein+.......	Bremen.........	4329,9	1528,44	3900

b) In alphabetischer Reihenfolge der Namen

Unterscheidungssignale	Namen der Schiffe	Heimathafen der Schiffe
DLDP	Alcor	Bremen ....
DIPL	Alsterkamp.....................	Hamburg.....................
DIPY	Amélie Thyssen	Hamburg.....................
DJYI	Anna Oldendorff	Lübeck......................
DLDK	Ann-Charlott	Bremen ....
DJYC	Antje-Christa	Lübeck-Travemünde ....
DIPC	Apollo	Hamburg.....................
DJEN	Arn VIII.......................	Arnis.......................
DIPR	Bertioga	Hamburg.....................
DLDQ	Bielefeld	Bremen ....
DCFJ	Blinkfüer.......................	Emden ....
DIPP	BP Olex 34	Hamburg.....................
DLDI	Bremer Stauer	Bremen ....
DIOX	Bugsier 15	Hamburg.....................
DIQD	Bunte Kuh	Hamburg.....................

* = Bruttoraumgehalt.

Unterscheidungssignale	Namen der Schiffe	Heimathafen
DIPB	Carsten Rehder	Hamburg
DKFO	Claus Jürgen	Rendsburg
DJYF	Concordia I	Lübeck-Travemünde
DLDL	Detmold	Bremen
DIPU	Dieksand	Hamburg
DJTQ	Dievenow	Kiel
DEGX	Dudizol IV	Bremen
DJUB	Düvelsbek	Kiel
DIQB	Elisabeth Bröker	Hamburg
DEGW	Erich Haslinger	Bremen
DIPZ	Erna Witt	Hamburg
DIPV	Esso Vegesack	Hamburg
DIPO	Freiburg	Hamburg
DJWK	Friedrich Pahlke	Burg/Fehmarn
DJXK	Gebe Oldendorff	Lübeck
DJXV	Greif	Lübeck
DIPD	Hammaburg	Hamburg
DJXF	Hans Oldendorff	Lübeck
DCHQ	Heinrich Lutter	Emden
DERW	Heinrich Meins	Bremerhaven
DIPH	Heinrich Udo Schulte	Hamburg
DIPS	Herford	Hamburg
DIZC	Hermod	Glückstadt
DERU	Hinrich Sieghold	Bremerhaven
DIPJ	Hohenbuchen	Hamburg
DIPK	Hornsriff	Hamburg
DIPN	Ilse Feldmann	Hamburg
DIOY	Ingeborg	Hamburg
DIQA	Inge Leonhardt	Hamburg
DCIU	Jakob Emmius Rass	Norderney
DIPM	J. H. Jonas	Hamburg
DIOZ	Jonny Jonas	Hamburg
DIXU	Kahlberg	Lübeck
DIPI	Käthe Bartels	Hamburg
DIPX	Kösterberg	Hamburg
DEEQ	Kurt Bastian	Bremen
DGBJ	Laumühlen	Hamburg
DCGX	Leerort	Emden
DJTW	Löwe	Kiel
DLDN	Louise	Bremen
DCIG	Lux	Emden
DCGJ	Marie	Haren/Ems
DLDM	Mellum	Bremen
DGAN	Mikado	Hamburg
DIPW	Nordenfeld	Hamburg
DESL	Nordenham	Bremerhaven
DJPX	Nordmark	Eckernförde
DJPY	Nordstern	Eckernförde
DIPQ	Nordwald	Hamburg
DCES	Otto Bolte	Emden
DIQF	Palmyra	Hamburg

Unter-scheidungs-signale	Namen der Schiffe	Heimathafen
DCEA	Paul Rosenberg	Emden
DLDH	Phönizien	Bremen
DLDO	Pluto	Bremen
DLDR	Praunheim	Bremen
DFTV	Rebena	Stade
DIPT	Rungholt	Hamburg
DJUX	Schwentine	Neumühlen
DLDG	Schönfels	Bremen
DEGY	Seefalke	Bremen
DIVS	Seerose II	Neufeld
DJXP	Senator Hagelstein	Lübeck
DIQG	Sevilla	Hamburg
DLDS	Siegstein	Bremen
DLDJ	Spreestein	Bremen
DIZB	Steinburg	Itzehoe
DESH	Taurus	Bremerhaven
DIQC	Therese Horn	Hamburg
DDJR	Tiefbau	Brake
DCGG	Variatie	Neermoor
DJYH	Vega	Lübeck
DIPA	Vogelsberg	Hamburg
DIPG	Walter Richter	Hamburg
DIPF	Weimar	Hamburg
DIPE	Welf	Hamburg
DIQE	Werner Frank	Hamburg
DJTX	Wodan	Kiel
DEGZ	Wümme	Bremen

2. Streichungen

DACE—DDFK

Seite	Unter-scheidungs-signale	Namen der Schiffe	Heimathafen
1/94	DACE	Bürgermeister Smidt	Bremerhaven
1/95	DACK	Christian Russ	Hamburg
1/96	DACU	D. Dreesmann Penning	Emden
2/104	DAFA	Heinrich Baumgarten	Bremerhaven
2/103	DAFJ	Hanseat	Bremerhaven
3/120	DAIP	Stella Maris	Emden
4/124	DALX	Yorck	Bremerhaven
8/99	DCFX	Folt Wilhelm	Borkum
8/100	DCGJ	Friedrich Brons	Emden
9/106	DCIU	Hildburg	Leer
11/116	DCOG	Preußen	Oldenburg
11/119	DCPJ	Seeadler	Norderney
11/119	DCPQ	Sina	Haren/Ems
12/95	DCSQ	Consul Lindemann	Emden
14/92	DDFK	Auguste	Bremen

DDPI—DKKN

Seite	Unterscheidungssignale	Namen der Schiffe	Heimathafen
17/115	DDPI	Nr. 144	Hamburg
17/97	DDPO	Eichberg	Hamburg
17/115	DDRT	Nr. 1	Hamburg
17/115	DDRV	Nr. 11	Hamburg
17/116	DDSH	Porebunder	Bremen
20/119	DECJ	Seewanderer	Bremen
23/114	DEQE	Nordfjord	Bremerhaven
24/122	DERN	Unverzagt	Bremerhaven
24/102	DESM	Grönland	Bremerhaven
27/104	DFMD	Helene	Otterndorf
27/90	DFMF	Anita	Oberndorf
45/122	DHDC	Vorsetzen	Hamburg
46/118	DHFJ	Rothebude	Hamburg
50/112	DHLX	Maria Weitert	Hamburg
51/113	DHNQ	Medemsand	Hamburg
56/117	DIFH	Puck	Hamburg
56/101	DIGZ	Furka	Hamburg
61/116	DIVE	Paloma	Hallig Hooge
61/122	DIWI	Urania	Friedrichskoog
63/102	DJAZ	Habicht	Flensburg
63/92	DJCI	Arkona	Hamburg
64/89	DJDT	Ada	Maaßholm
64/91	DJEE	Anna	Büsum
65/123	DJKQ	Wilhelmine II	Büsum
65/94	DJLT	Capella	Husum
66/97	DJOD	Edith Becker	Kiel
67/118	DJRA	Rudolf	Norderney
74/113	DKKN	Möwe I	Lübeck-Travemünde

3. Sonstige Veränderungen*)

DAFL—DGCJ

Seite	Unterscheidungssignale	Namen der Schiffe		Heimathafen
2/105	DAFL	Hermann Bösch	**Wolfsburg**	Bremerhaven
8/100	DCGL	Frisia II	**Frisia XVI**	Norderney
13/89	DCVX	Adele Ysker	**Annegret I**	**Haren/Ems**
15/98	DDKM	Erich	**Erich Ohlrogge**	Brake
16/112	DDOS	Marie Schwinge	**Weserland**	Bremen
23/118	DEQJ	Sancta Maria		**Schulau**
24/114	DETI	Neptun III		**Niendorf**
25/92	DEUM	August Bösch	**Mönchengladbach**	Bremerhaven
26/114	DFIO	Nige Oge		**Neufeld**
26/121	DFKD	Taucher O. Wulf	**Lisa I**	**Hamburg**
30/123	DFYC	Walter		**Weserdeich**
31/89	DGAE	Adalbert	**Jens Jensen**	Hamburg
32/91	DGCJ	Anna-Maria	**Hilda-S**	Hamburg

*) Die Veränderungen sind durch fetten Druck gekennzeichnet.

DGDB—DIOC

Seite	Unterscheidungssignale	Namen der Schiffe		Heimathafen der Schiffe
32/92	DGDB	Argonaut		**Orth/Fehmarn**
33/94	DGEJ	Bürgermeister Roß	**Sundpilen**	Hamburg
42/113	DGXN	Methan	**Else Parchmann**	**Bremen**
49/89	DHKS	Ägäis	**Puck**	**Bremen**
50/120	DHNJ	Steinhöft	**Baumwall**	Hamburg
51/110	DHOZ	Krautsand	**Adema**	**Bremerhaven**
54/91	DIDC	Anni Ahrens	**Hammonia**	Hamburg
64/92	DJEK	Arn VII	**Waltraud Thorborg**	**Hamburg**
64/109	DJHO	Karl-Heinz	**Hans Jürgen**	**Hamburg**
66/95	DJQG	Claus Grimbart	**Olhörn**	Kiel
67/100	DJTE	Frie. 2		**Büsum**
69/109	DJXN	Kehrwieder		**Heikendorf**
70/119	DJZZ	Seemöwe	**Greetsiel**	**Hamburg**
74/114	DKKH	Nettelbeck		**Laboe**
74/91	DKKV	Anneliese		**Heikendorf**
76/117	DLCJ	Prudentia	**Bernhard Althoff**	Bremen
90	**DABE**	Alexander von Humboldt		Bremerhaven
97	**DGSQ**	Elise Oltmann		Hamburg
99	**DHGM**	Este		Hamburg
100	**DGSP**	Frida Thorborg		Hamburg
104	**DGOU**	Heinz Heino		Krautsand
108	**DHHB**	Julius Pickenpack		Hamburg
110	**DKHR**	Labor et Fides		Kiel
119	**DGNE**	Silesia		Hamburg
121	**DIOC**	Thorstein		Hamburg

B. Nachtrag zur Liste der Bundes- und Länderfahrzeuge (Abschnitte b und e)

Seite	Unterscheidungssignale	Namen der Schiffe	Art der Schiffe	Heimathafen der Schiffe	PS
		1. Zugänge			
79/80	DBYA	Brummer	Geleitboot	...	...
79/80	DBYB	Bremse	Geleitboot	...	...
79/80	DBYC	Hummel	Geleitboot	...	...
79/80	DBYD	Biene	Geleitboot	...	...
79/80	DBYE	Wespe	Geleitboot	...	...
84	DBFV	Bundespräsident Theodor Heuss ↯ (↯) *T R D*	Eisenbahn-Hochsee-Fährschiff	Grossenbrode	6000
86	DBJO	Grimmershörn	Eisbrecher	Cuxhaven	500
86	DBJP	Eisfuchs	Reedefahrzeug	Cuxhaven	1100
87	DBQP	Dieksand	Saug- u. Spülbagger	Friedrichskoog	110
87	DBQQ	Ingo *T*	Fischereiaufsichtsfahrzeug	Heiligenhafen	150
		2. Sonstige Änderungen			
79/80	DBUF	UW 3	**TM 1**	...	...

FSC
www.fsc.org
MIX
Papier | Fördert gute Waldnutzung
FSC® C083411

Kolibri 360 GmbH
Ferdinand-Jühlke-Straße 7
99095 Erfurt, Deutschland
produktsicherheit@kolibri360.de